上海市文教结合支持项目

爱上中国美

二十四节气
非遗美育
手工课

秋

主编 章莉莉

前言

二十四节气是中国人对一年中自然物候变化所形成的知识体系，是农耕文明孕育的时间历法，2016 年被纳入联合国教科文组织的人类非物质文化遗产代表作名录。中国人在每个节气有特定的生活习俗，立春灯彩、清明风筝等，表达了对美好生活的向往。传统工艺是中国人的智慧体现和美学表达，在《考工记》《天工开物》等古籍中，我们看到传统工艺与自然的和谐共生。

中国式美育，要让孩子懂得中国文化，熟悉中国传统工艺，了解中国民间习俗。在润物细无声的一年光阴中，在二十四节气更替之际，让孩子们根据本书完成与节气相关的非遗手工，比如染织绣、竹编、造纸、风筝、擀毡、泥塑等，体会四季轮回和传统工艺之美，感悟日常生活、自然材料与传统工艺之间的关系。

24 个节气，24 项非遗。斗转星移，春去秋来。非遗传承，美学育人。希望在孩子们心里种一颗中华优秀传统文化的种子，使其生根发芽，朝气蓬勃。

上海大学上海美术学院副院长、教授

上海市公共艺术协同创新中心执行主任

章莉莉 2023 年 4 月

课程研发团队

课程策划： 章莉莉
学术指导： 汪大伟、金江波
课程指导： 夏寸草、姚舰、郑珊珊、柏茹、万蕾、汪超

课程研发： 蔡正语、陈淇琦、陈书凝、刁秋宇、丁弋洵、高婉茹、谷颖、何洲涛、黄洋、黄依菁、李姣姣、刘黄心怡、柳庭珺、吕宜峰、茅卓琪、盛怡瑶、石璐微、谭意、汤仪、王斌、温柔佳、杨李叶、朱艺芸、张姚真（按照姓名拼音排序）
课程摄影： 朱晔

特别感谢：
上海黄道婆纪念馆
上海徐行草编文化发展有限公司
上海市金山区吕巷镇社区党群服务中心
上海金山农民画院
江苏省南通蓝印花布博物馆
江苏省徐州市王秀英香包工作室
江苏省苏州市盛风苏扇艺术馆
山东省济宁市鲁班木艺研究中心
朱仙镇木版年画国家级非遗传承人任鹤林
白族扎染技艺国家级非遗传承人段银开
苗族蜡染技艺国家级非遗传承人杨芳
凤翔泥塑国家级非遗传承人胡新明
徐州香包省级非遗传承人王秀英
上海徐行草编市级非遗传承人王勤
山东济宁木工制作技艺市级非遗传承人马明文
北京兔儿爷非遗传承人胡鹏飞
上海罗店彩灯非遗传承人朱玲宝
山西布老虎非遗传承人杨雅琴

手工材料包合作单位：
杭州市余杭区蚂蚁潮青年志愿者服务中心
手工材料包研发团队：
李芸、莫梨雯、李洁、刘慧、曹秀琴、缪静静

课程手工材料包
请扫二维码：)

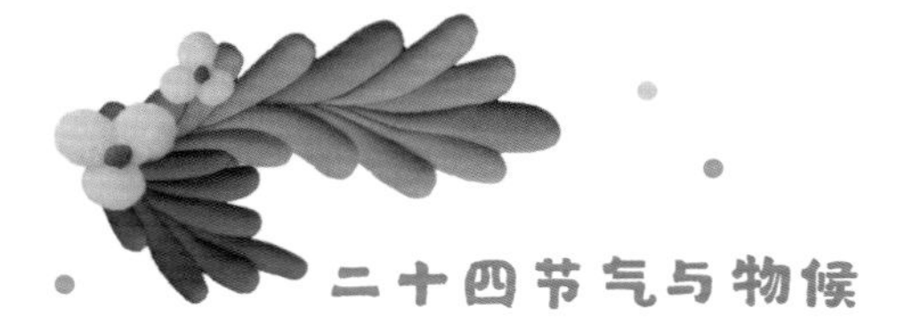

二十四节气与物候

物候是自然界中生物或非生物受气候和外界环境因素影响出现季节性变化的现象。例如，植物的萌芽、长叶、开花、结实、叶黄和叶落；动物的蛰眠、复苏、始鸣、繁育、迁徙等；非生物等的始霜、始雪、初冰、解冻和初雪等。我国古代以五日为候，三候为气，六气为时，四时为岁，一年有二十四节气七十二候。物候反映了气候和节令的变化，与二十四节气有密切的联系，是各节气起始和衔接的标志。

二十四节气与二十四番花信风

五日为候，三候为气。小寒、大寒、立春、雨水、惊蛰、春分、清明、谷雨这八个节气里共有二十四候，每候都有花卉应期盛开，应花期而吹来的风称作“信”。人们挑选在每一候内最具有代表性的植物作为“花信风”。于是便有了“二十四番花信风”之说。

四季之秋
秋处露秋寒霜降

立秋 处暑 白露 秋分 寒露 霜降

树叶渐黄，候鸟南飞，秋天到来。秋天是金色的季节、收获的季节、馋嘴的季节、树叶飘舞的季节，秋天也是彰显人们勤劳、勇敢的季节。让我们穿上外套，去外面看一看秋天里，万物发生了怎样的变化吧。

立秋处暑去，白露南飞雁，秋分寒露至，霜降红叶染。秋天的六个节气包括立秋、处暑、白露、秋分、寒露、霜降。秋季分册包含傣族、纳西族手工造纸技艺，景泰蓝制作技艺，乌泥泾手工棉纺织技艺，纺织泥塑技艺（北京兔儿爷），景德镇手工制瓷技艺，毛纺织及擀制技艺（藏族牛羊毛编织技艺）非遗手工课程。让我们动动小手，勤劳一下，一起在秋天玩起来吧！

目录

立秋

花笺传意

古法造纸体验课程

立秋花落 满天芬芳
留花于纸 花笺传意

立秋表示自此进入了秋季，在每年阳历 8 月 7 日或 8 日。中国自古以农耕为主，立秋也意味着降水、湿度，趋于下降或减少；在自然界，它是万物由盛而衰的节点，也是万物从繁茂成长趋向萧索成熟的开端。

立秋，节气分为三候：一候凉风至，二候白露生，三候寒蝉鸣。意思是，立秋过后，刮风时人们会感到凉爽，此时的风已不同于夏季的热风；接着，早晨会有雾气产生；并且寒蝉也开始感阴而鸣。立秋并不代表酷热天气就此结束，立秋还在暑热时段，尚未出暑，秋季第二个节气（处暑）才出暑，初秋期间天气仍然很热。

有些年份，大家熟知的七夕节也在立秋这天，七夕节又叫乞巧节、女儿节或香桥节。相传在七月初七之夜，牛郎织女在银河的鹊桥上相会，现代年轻男女们也会在七夕节互赠礼物表达情意。

立秋时节，我们收到了秋天的礼物：金黄的麦田，颗粒饱满的水稻，还有漫天飞舞的花瓣和树叶。让我们一起出门收集花瓣和落叶吧！

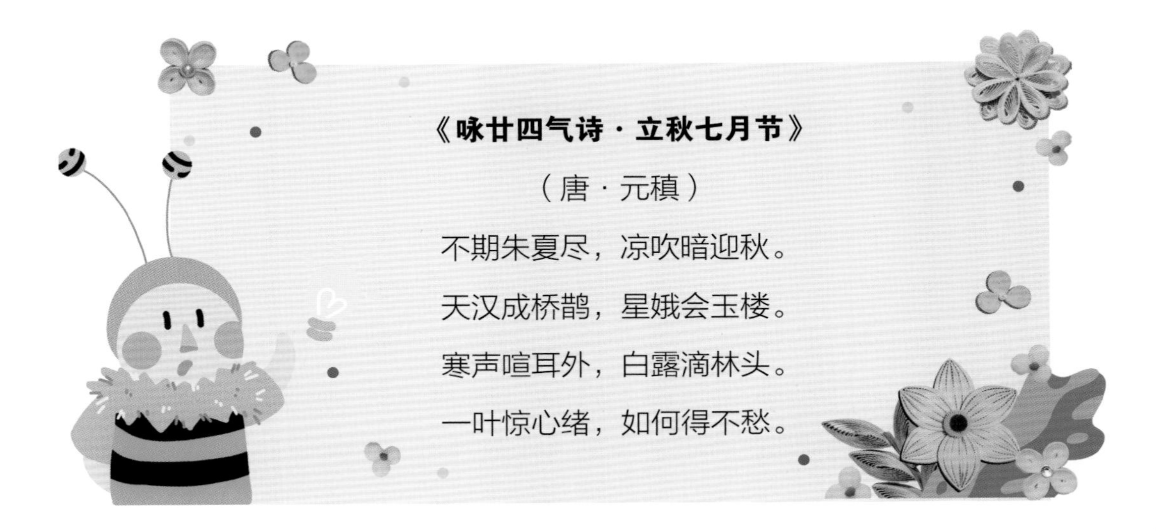

傣族、纳西族手工造纸技艺

第一批国家级非物质文化遗产名录（2006 年）

傣族、纳西族手工造纸技艺，云南省临沧市和香格里拉县地方传统手工技艺，这种手工造纸纸色白质厚，不易遭虫蛀，可长期保存。

明代，大量的汉族工匠和艺人进入丽江而融入纳西族中，同时，西藏的造纸技艺也被带到了丽江。两者融合，形成了傣族、纳西族手工造纸技艺。

傣族、纳西族手工纸虽然粗糙，但也有自己的独特之处。它不仅柔韧性强，无毒、透气、吸水、耐磨、耐用、不易破损，时时散发着一股淡淡的特殊木香味，而且保存时间长，可达数十年甚至上百年。

傣族、纳西族手工造纸技艺制作流程包括纸浆片泡发、纸浆搅拌、网框拼装、抄纸、造型装饰、盖浆、晾晒七道工序。香格里拉县的纳西族手工造纸制作原料通常是产自当地的植物原料“阿当达”，为瑞香科丽江荛花。云南临沧等地傣族造纸也会采用清明以后的幼嫩新竹作为材料。

傣族、纳西族手工造纸流程
1. 造型装饰 2. 放置 3. 晾晒 4. 成型

1 | 2
3 | 4

让我们感受古人智慧，体验中华古法造纸术，
发挥个性创造力，将“秋天”留住！

花笺传意

古法造纸体验课程

立秋是秋季的第一个节气，树叶与花瓣在此时开始飘落，呈现出绚烂的色彩。请大家出门感受秋天，收集地上的落叶、花瓣。通过学习傣族、纳西族的手工造纸技艺把这个秋日留在纸上吧！

注意事项：

1. 拼合造纸框对幼龄小朋友有难度，需父母协助完成。
2. 晾晒步骤，夏季日光晾晒 3 小时即可干透。冬季或阴雨天则需要 3—16 小时，可使用吹风机加速烘干。

课程材料：

水盆、造纸框、纸浆、勺子、搅拌棒、连纸胶、花草装饰物等。

制作流程：

第一步：将纸浆放入水中制浆

100 克纸浆兑 8—10 毫升水，根据纸张的厚薄按需要增加水量。A5 尺寸的造纸框可做 6 张花草纸。

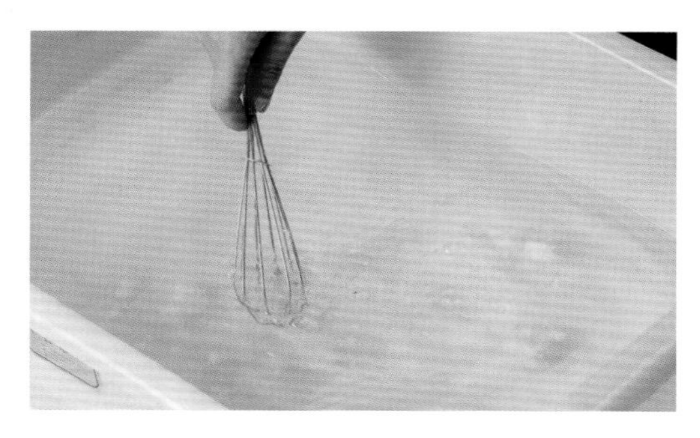

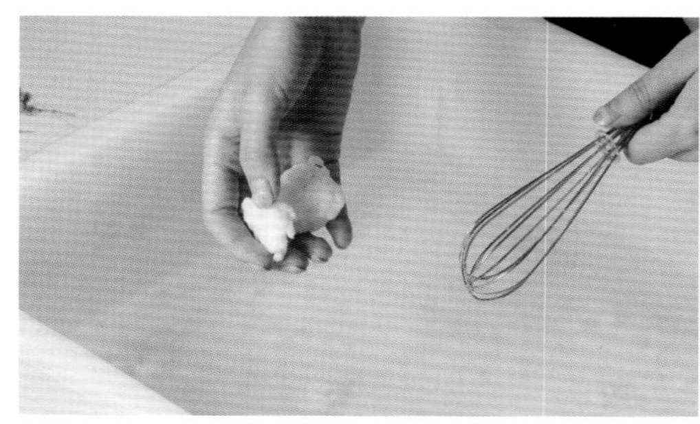

第二步：搅拌纸浆

用搅拌工具搅拌，充分搅散纸浆至没有明显颗粒物为宜。

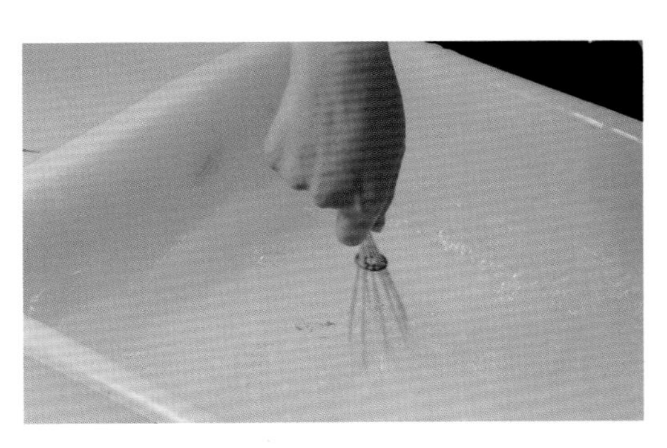

第三步：加入造纸胶

每 3 升纸浆水加入 10 毫升造纸胶，在纸浆水中均匀搅拌。

第四步：抄纸

造纸框斜放入纸浆进行抄纸，左右轻轻摇晃造纸框，使纸浆均匀分布，抄一遍纸张较薄，可以多抄几遍，抄纸次数越多纸张越厚。

第五步：造型

自由创意，摆上花草亮片等装饰物。

第六步：二次浇浆

用勺子舀少量纸浆浇在花草上进行固定。

花笺传意

古法造纸体验课程成果

二、“地方重塑”的方法论

处暑

五谷丰登

景泰蓝冰箱贴制作课程

暑末秋始，凉风徐来
满月清辉，五谷丰登

处暑是秋季的第二个节气，在每年阳历 8 月 22 日至 24 日中的某一天。“处”有终止、躲藏的意思，处暑表示炎热的暑天结束。这时三伏已过或接近尾声，白天热，早晚凉，昼夜温差较大，不时有秋雨降临。

中国古人将处暑分为三候：一候鹰乃祭鸟，二候天地始肃，三候禾乃登。此节气中老鹰开始大量捕猎鸟类；天地间万物开始凋零；“禾乃登”的“禾”是黍、稷、稻、粱类农作物的总称，“登”即成熟的意思，秋收的日子到了。处暑节气的产生：一是因太阳直射点南移，阳光辐射减弱；二是由于副热带高压跨越式地向南撤退，北方冷高压开始跃跃欲试，出拳出脚，小露锋芒。处暑宣告了我国东北、华北、西北雨季的结束，处暑的到来意味着进入气象意义的秋天。

在作物成熟之际，
要将美味的秋食装进冰箱，
做一个精巧的冰箱贴来装饰吧！

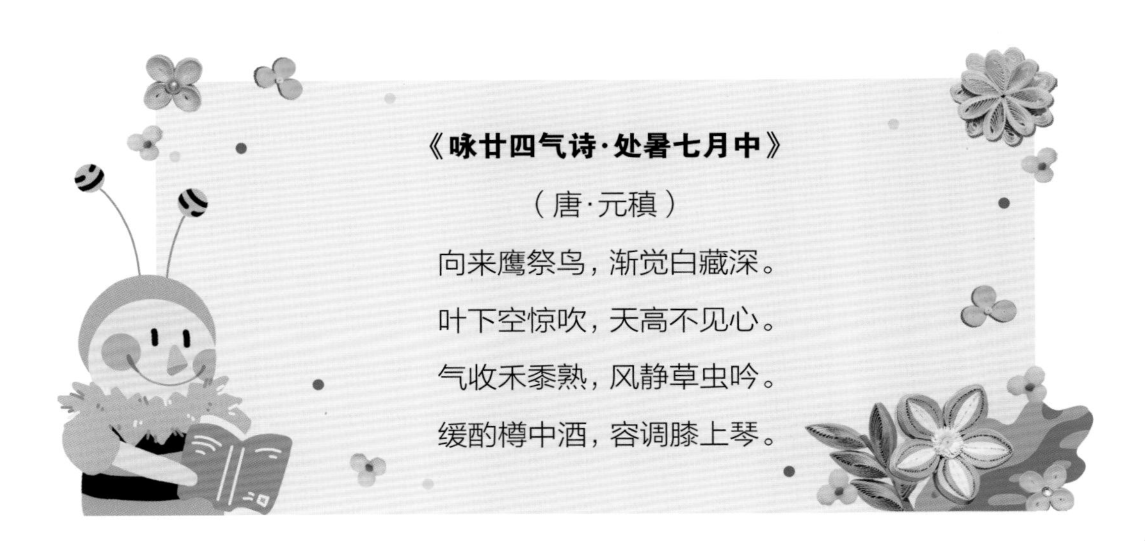

《咏廿四气诗·处暑七月中》

（唐·元稹）

向来鹰祭鸟，渐觉白藏深。
叶下空惊吹，天高不见心。
气收禾黍熟，风静草虫吟。
缓酌樽中酒，容调膝上琴。

景泰蓝制作技艺

第一批国家级非物质文化遗产名录（2006年）

景泰蓝制作技艺是北京市崇文区地方传统技艺，是外传珐琅技艺和本土金属珐琅工艺相结合的产物。景泰蓝制品造型典雅，纹样繁缛，色彩富丽，具有宫廷艺术的特点，给人以“圆润结实、金光灿烂”的艺术感受，有很高的艺术价值，曾多次参加国内外重要展览，为祖国赢得荣誉，还经常被作为国礼馈赠外宾。

景泰蓝的制作工艺，工序繁多，既运用了铸造青铜和烧瓷的传统技术，又吸收了传统绘画和雕刻的技法，堪称中国传统工艺的集大成者。明清两代，御用监和造办处均在北京设有专为皇家服务的珐琅作坊，技艺从成熟走向辉煌。景泰蓝工艺品具有浑厚凝重、富丽典雅的艺术特色，集历史、文化、艺术和传统工艺于一身，古朴典雅，精美华贵，具有独特的民族艺术风格和深刻的文化内涵。

经过制胎、掐丝、点蓝、烧蓝、磨光、镀金六道工序，一件金灿灿、亮闪闪、雍荣华贵、端庄典雅的景泰蓝艺术品就诞生了。

景泰蓝制作流程

1. 掐丝　2. 点蓝　3. 烧蓝　4. 景泰蓝工艺品《盖碗型瓶》

1	2
3	4

让我们一起来体验

“五谷丰登”景泰蓝冰箱贴制作课程吧！

五谷丰登

景泰蓝冰箱贴制作课程

在处暑这个瓜果飘香，遍地丰收的节气中，我们的冰箱里也塞满了美味的果实。让我们边享受美味的蔬果边一起来制作冰箱贴吧！通过技艺中包含的掐丝工艺等表现出果实组合的外形，再用涂料涂上喜欢的颜色，实用美观的冰箱贴就制作好啦。

注意事项：

1. 掐丝前，铜丝要撸直使用，保证掐丝过程中铜丝保持直立。
2. 从画面中间开始掐丝，过程中经常转动卡纸。

课程材料：

粘丝胶、彩砂、镊子、铜丝、淋膜胶、磁铁、调砂杯、剪刀、小铲刀等。

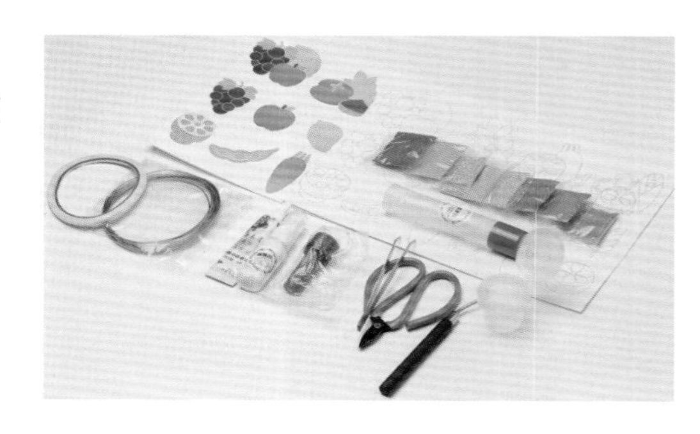

制作流程：

第一步：裁剪

选择卡纸上喜欢的图形沿边缘预留 2—3 毫米剪下来。

第二步：涂粘丝胶

用粘丝胶沿着图形轮廓涂一圈，胶水切勿挤太多。

第三步：掐丝

等待粘丝胶风干 1—2 分钟，剪下一段铜丝，用镊子沿着图形的边缘掐丝，图形闭合后剪掉剩余的铜丝。

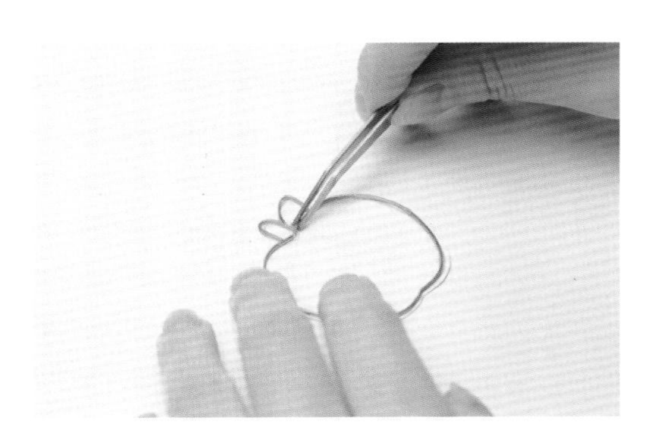

第四步：浸泡彩沙

在调砂杯中装入需要用的彩沙，倒入清水淘洗彩沙并浸泡 5 分钟。

第五步：倒入固沙胶

倒掉清水加入固沙胶搅拌混合。

第六步：填彩沙

用铲刀将混有固沙胶的彩沙填入掐丝的图形中，彩沙切勿超过铜丝的高度。

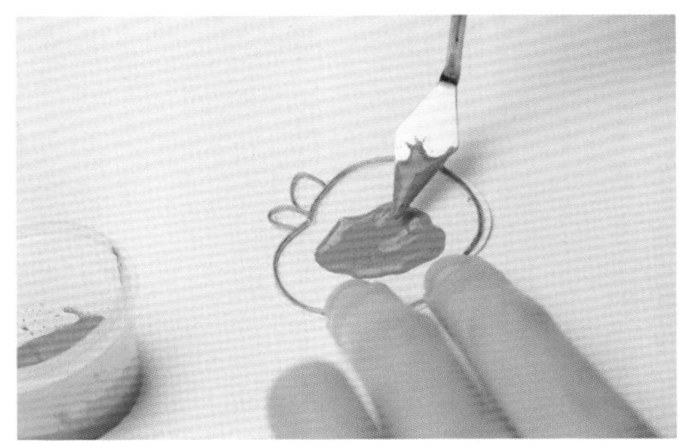

第七步：喷淋膜胶

在画面微湿的状态下喷上淋膜胶，形成一层白雾，静置晾干。

第八步：粘贴磁铁

在磁铁上粘上双面胶黏贴在晾干的画面背面。

五谷丰登

景泰蓝冰箱贴制作课程成果

织造温暖

乌泥泾手工棉纺织体验课程

白露茫茫，凝而为霜

机杼作响，织造温暖

白露是反映自然界寒气增长的重要节气，在每年阳历 9 月 7 至 9 日中的一天。由于天气逐渐转凉，白昼有阳光尚热，但太阳一落山，气温便很快下降，昼夜温差拉大。时至白露，夏季风逐渐为冬季风所代替，冷空气转守为攻，加上太阳直射点南移，北半球日照时间变短，光照强度减弱，地面辐射散热快，所以温度下降速度也逐渐加快。初秋残留的暑气逐渐消散，昼夜热冷交替，寒生露凝。

白露分为三候：一候鸿雁来，二候玄鸟归，三候群鸟养羞。意思是这个节气，鸿和雁开始列队从北向南飞，燕子等候鸟开始集体朝南迁徙，寻找过冬的乐土，各类鸟儿都开始储食御冬，民谚有云："白露秋风夜，雁南飞一行"，白露茫茫，大地一片喜悦丰收之景。

随着农事逐渐进入尾声，从田间劳作闲下来的人们开始为家人添新被，织衣物。古人以四时配五行，秋属金，金色白，以白形容秋露，故名"白露"。白露降，秋实结，一树桂花，一树秋香，三色相映。

机杼响，织物造。

经纬相织，针线碰撞，在布纹饰里，

一起感知丰收的喜悦！

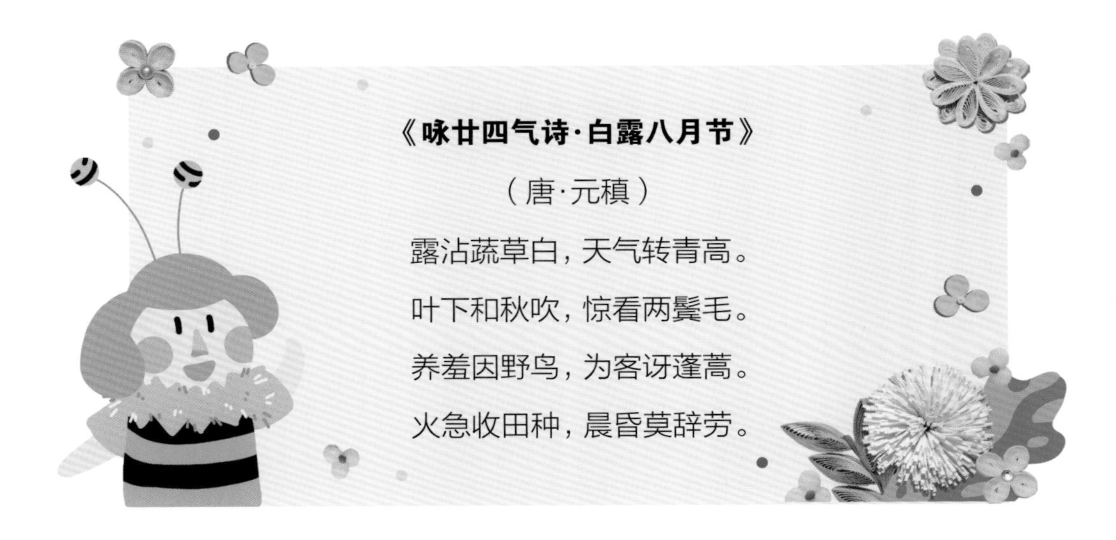

乌泥泾手工棉纺织技艺

第一批国家级非物质文化遗产名录（2006 年）

乌泥泾手工棉纺织技艺在中国有着非常悠久的历史。棉麻纺织品最早出现在新石器时代，唐代手工棉纺织技艺得到明显提高，清代达到繁盛。

宋末元初黄道婆从海南学成归来，回到故里松江府乌泥泾镇，将海南的棉纺织技术与江南原有的先进麻纺和丝织技术相结合，经过革新与创造，形成了一套与棉纤维相适应的“捍、弹、纺、织、染”手工棉纺织技艺，促进了以松江为中心的江南棉纺织业的蓬勃发展。黄道婆的棉纺织技艺改变了上千年来以丝、麻为主要衣料的传统，改变了江南的经济结构，催生出一个新兴的棉纺织产业，江南地区的生活风俗和传统婚娶习俗也因之有所改变。可以说，乌泥泾手工棉纺织技艺是中国纺织技术的核心内容之一。

乌泥泾手工棉纺织制作流程

1. 制线 2. 染棉线 3. 衔接棉线 4. 纺织 5. 挑起经线

1	3
2	4
	5

让我们一起体验乌泥泾手工棉纺织，

从织造一块杯垫出发，了解纺织技艺。

织造温暖

乌泥泾手工棉纺织体验课程

白露时节，人们穿上暖和舒适的秋装，饮用白露茶。让我们一起感受白露饮茶习俗的同时，体验运用乌泥泾手工棉纺织土布工艺为自己做上几个茶杯垫吧！请一起来动动手和脑，学习织造一块土布，让棉纺线在指尖的穿梭，将秋日足迹织于装饰木框上，体验土布质感，享受秋收后闲暇的午后时光。

注意事项：

组合纺织机对幼龄小朋友有难度，需在父母协助下完成。

课程材料：

实木编织框、塑料针、剪刀、叉子、棉线。

制作流程：

第一步：布经线

选一个颜色的棉线作为经线，将经线的一头绑在第一颗钉子上并牢牢打上死结，经线从左往右绕过所有的钉子。在最后一颗钉子上结尾，并牢牢打上死结，多打几次结，以增加牢固度。

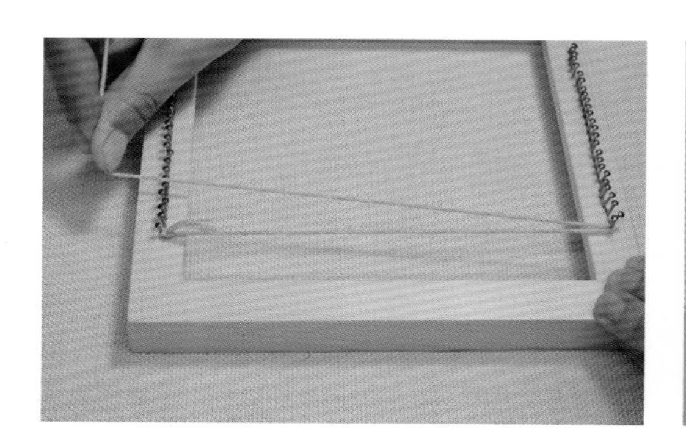

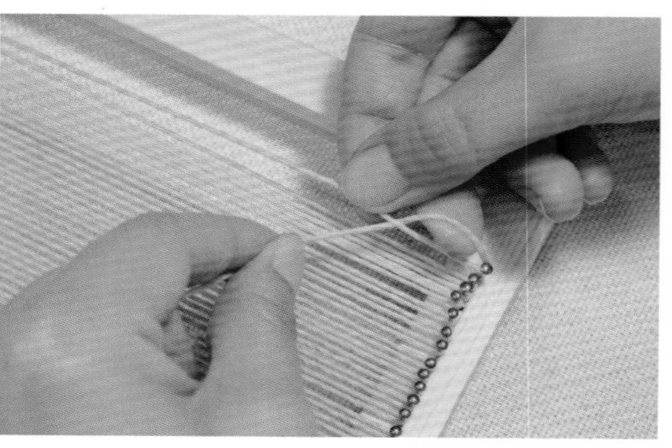

第二步：分经线

将针从右往左挑经线，顺序是压一根挑一根。将挑好经线的针保留在上面当分经棒。

第三步：穿纬线

取一根针将要编织的纬线穿好，从右往左挑一压一，即把分经棒下方的一根经线挑上来，把浮于分经棒上面的一根经线压下去。完成第一排纬线的布线。

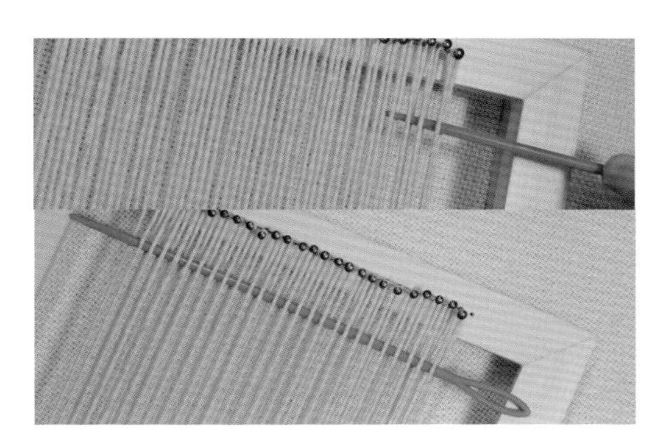

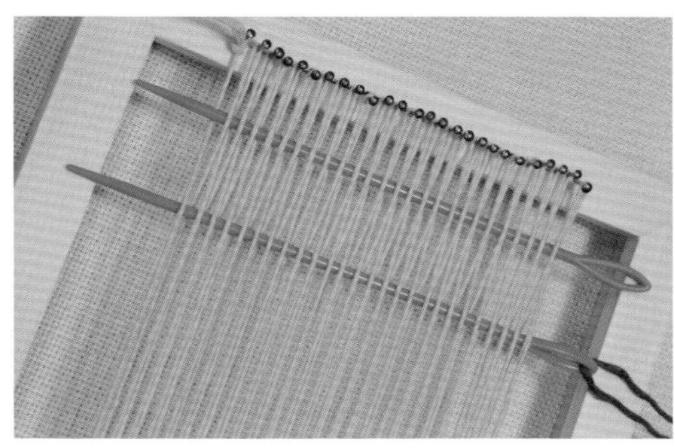

第四步：继续穿纬线

将针从左往右顺着分经棒直接穿过来，完成第二排纬线的布线。注意，拉纬线时不要拉得太紧，以免呈抛物线状。

第五步：打纬

用叉子轻轻将纬线打紧，先打中间再打两边。重复第三、四、五步骤，将布织到自己想要的高度。

第六步：开始锁边

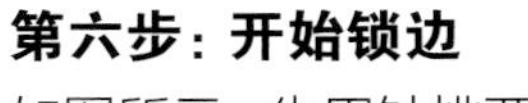

如图所示，先用针挑两根经线。

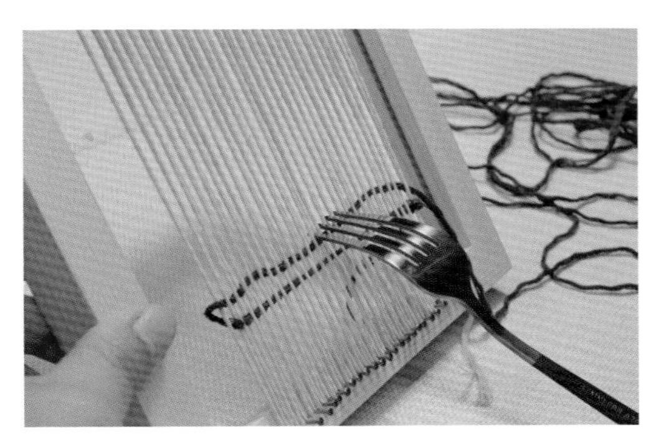

第七步：继续锁边

再从正面跨过四根经线处入针，并从下面两根经线处出针。

第八步：锁边完成

重复第六、七步的动作，织完一排后将线剪掉。

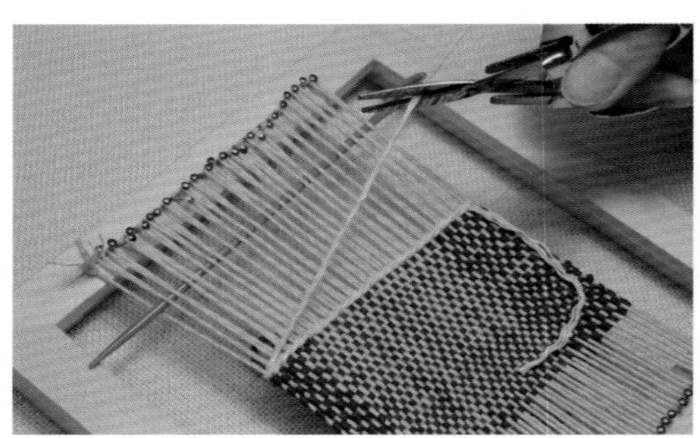

第九步：反向编织

从左往右反方向编织一排纬线，注意针头朝向左边，同样正面跨过四根经线处入针，再从下面两根经线处出针。重复该动作织完第二排纬线后，正好和下面一排纬线合成一股辫子，再将头上两根线打个结，防止脱线。

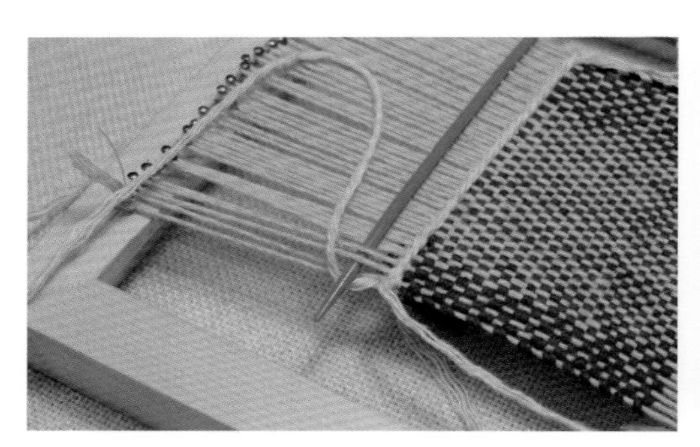

第十步：剪断经线

剪断两头经线，可以留长点的经线作为装饰流苏，会更加美观。

织造温暖

乌泥泾手工棉纺织体验课程成果

秋分

守护月宫

兔儿爷彩绘体验课程

秋分过后，昼短夜长
桂蕊飘香，兔儿爷祭月

秋分是二十四节气中最早被使用的两个节气（春分、秋分）之一，在每年阳历 9 月 22—或 24 日，这天秋分，太阳直射赤道，南北半球昼夜平分，因而秋分又叫“日夜分”。“分”另一个意思是秋天共三个月，此时正值中秋，有平分秋季的意思。

秋分节气分为三候：一候雷始收声，二候蛰虫坯户，三候水始涸。古人认为雷是因为阳气盛而发声，秋分后阴气开始旺盛，所以不再打雷。由于天气变冷，蛰居的小虫开始藏入穴中，并且用细土将洞口封起来以防寒气侵入；由于天气干燥，水汽蒸发快，湖泊与河流中的水量变少，一些沼泽及水洼处甚至变得干涸。

秋分时节，曾是传统的“祭月节”。现在的中秋节是由传统的秋分“祭月”演变而来。这天，每家每户都要备水果，打月饼。在“月到中秋分外明”的月光下，大伙拉家常，叙友谊，远在他乡的游子们“举头望明月，低头思故乡”。

八月十五月儿圆，家家户户都团圆。
小朋友们摆上兔儿爷，赏月尝新，祈求无病无灾、合家团聚、喜庆丰收。

泥塑（北京兔儿爷）

第四批国家级非物质文化遗产名录（2014 年）

“兔儿爷”是北京市的地方传统手工艺品。“八月十五月儿圆，兔儿爷家住月里面，采百草做良药，去病除灾保平安。”这是一首老北京童谣，曾经传遍北京的大街小巷，每逢中秋节，北京城里的百姓都会供奉“兔儿爷”，这一习俗源自明代。后“兔儿爷”转变成儿童的中秋节玩具。有人仿照戏曲人物，把“兔儿爷”雕造成金盔金甲的武士，有的骑着狮、象，有的背插纸旗或纸伞，或坐或立，讨人喜欢。

旧时过中秋，祭月是主要的活动。到了八月十五傍晚，家家户户的庭院里，都要面向东南方摆设一张八仙桌，供以瓜果、月饼、毛豆枝、鸡冠花、藕、西瓜等。桌前铺有一块红毡供人们祭拜之用，布置妥当后，只见月亮渐渐由东方升起，全家人按照习俗会依长幼顺序叩拜月亮。供毕，全家团坐，饮酒赏月，分享瓜果、月饼等祭品。故民间又称中秋节为“团圆节”。桌上的毛豆枝，是专门为“兔儿爷”准备的。

泥塑（北京兔儿爷）的制作流程分为：压模、合并、烧制、插耳、彩绘和插背旗等工序。北京兔儿爷的主要特征就是“金盔金甲捣药杵，山形眉三瓣嘴，身后一杆靠背旗”。

泥塑制作流程

1. 练泥　2. 揉泥　3. 彩绘　4. 北京兔儿爷成品

1	2
3	4

农历八月十五，满月高挂，

大家一起举头望明月，低头制作兔儿爷吧！

守护月宫

兔儿爷彩绘体验课程

民间又称中秋节为“团圆节”。老舍在作品《四世同堂》中写道，“脸蛋上没有胭脂，而只在小三瓣嘴上画了一条细线，红的，上了油；两个细长白耳朵上淡淡地描着点浅红；这样，小兔儿的脸上就带出一种英俊的样子，倒好像是兔儿中的黄天霸似的”。中秋节，人们绘制蕴涵传统文化意义的兔儿爷是一件十分有意义的事情。

课程材料：

颜料、笔刷、兔儿爷白膜、颜料盘。

注意事项：

1. 换颜料时都请将颜料盘与笔刷颜色洗净。
2. 等颜色干透了，再进行下一步的上色。

制作流程：

第一步：确认造型

选择喜欢的白模造型。确定好兔子的形态、样式后，进行勾勒。

第二步：完成勾勒

勾勒完成，预备沾取颜料均匀上色。

第三步：准备上色

准备好涂色工具，根据参考图均匀地填涂各色区域。

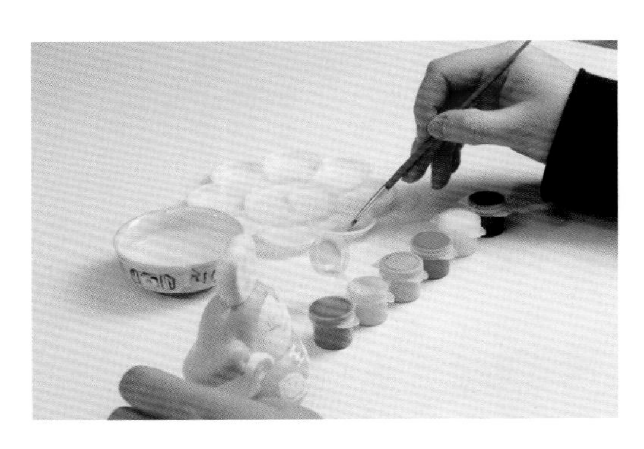

第四步：涂黄色

选择黄色涂料，均匀地填涂黄色区域。

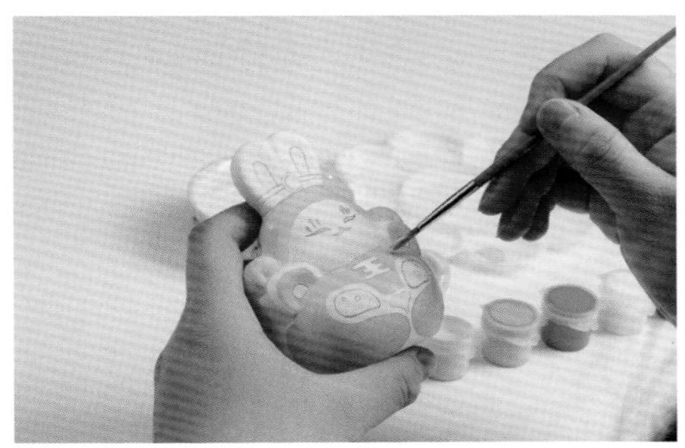

第五步：涂红色

选择红色涂料，均匀地填涂红色区域。

第六步：涂绿色

选择绿色涂料，均匀地填涂绿色区域。

守护月宫

兔儿爷彩绘体验课程成果

福
福

寒露

落英缤纷

陶瓷花器制作课程

深秋寒露，赏菊登高
觥筹交错，落英缤纷

寒露是深秋的节气，在每年阳历 10 月 7 日至 9 日中的某一天。古人将寒露作为寒气渐生的表征。寒露以后，北方冷空气形成一定势力，我国大部分地区在冷高压控制之下，雨季结束。

中国古人将寒露分为三候：一候鸿雁来宾，二候雀入大水为蛤，三候菊有黄华。意思是，此节气中，鸿雁排成一字或人字形的队列大举南迁；深秋天寒，雀鸟都不见了，古人看到海边突然出现很多蛤蜊，并且贝壳的条纹及颜色与雀鸟很相似，便以为是雀鸟变成的；“菊有黄华”则是说在此时菊花已普遍开放。

寒露时节，秋意渐浓，气爽风凉，自古以来就有登高、赏菊、饮菊酒、食花糕的习俗。古人围坐一起，举起菊花酒共饮，一碟碟美味的糕点伴随着菊花的清香下肚。

寒露时节，秋意渐浓，气爽风凉，
万花零落，唯有菊花争奇斗艳。
让我们一起制作陶瓷花器，赏菊品秋吧！

景德镇手工制瓷技艺

第一批国家级非物质文化遗产名录（2006年）

景德镇手工制瓷工艺在汇集全国各地名窑技艺的基础上形成自己的特色，并自成体系。行业分工细，专业化程度高。景德镇自五代开始生产瓷器，宋、元两代迅速发展，至明、清时在珠山设御厂，成为全中国的制瓷中心。

御窑厂的生产组织分工相当完备，设有制坯行业的各种作坊：有舂碓陶土的作坊，有制作大小圆、琢器坯胎的作坊，有制匣钵的作坊，还有各种辅助性的作坊，如泥水作、大木作，船木作，铁作等。工匠们各司其职，在各个细分领域发挥其专业性。

御窑厂将烧、做两行集中在厂内，设御窑若干座，形成了一个门类齐全，无所不及的大型手工作坊。景德镇流传下来的传统手工成型工艺如手捏成型，是成型中较基本的成型方法，同时也是一种历史最为悠久的制瓷成型法。这样的成型方法需要传承人严谨而又不失随意性的发挥，对手法和力度精准掌控、对整体结构的准确拿捏，这些都需要长期的经验累积。

景德镇手工制瓷技艺制作流程包括拉坯、利坯、画坯、施釉和烧窑五道工序。景德镇素有“瓷都”之称，这里千年窑火不断，其瓷器以“白如玉，明如镜，薄如纸，声如磬”的独特风格蜚声海内外。

景德镇手工制瓷流程

1. 拉坯 2. 利坯 3. 修坯 4. 画坯

1	3
2	4

复原传统手工制瓷技艺，将深浓的秋意塑于陶器之中。

让我们一起来体验“落英缤纷”陶瓷花器制作课程吧！

落英缤纷

陶瓷花器制作课程

寒露时节，天气渐冷，秋意正浓，菊花盛开。“落英缤纷”陶瓷花器将深浓的秋意塑于陶器之上。小朋友用手将花器作成型，充分体会技艺与自然、生活的贴合。做好后，请采一朵秋天的花养在小花器中装点客厅吧！

课程材料：

免烤陶艺泥、雕刻工具组、手切线、丙烯绘画颜料 6 色、尼龙画笔 1 支。

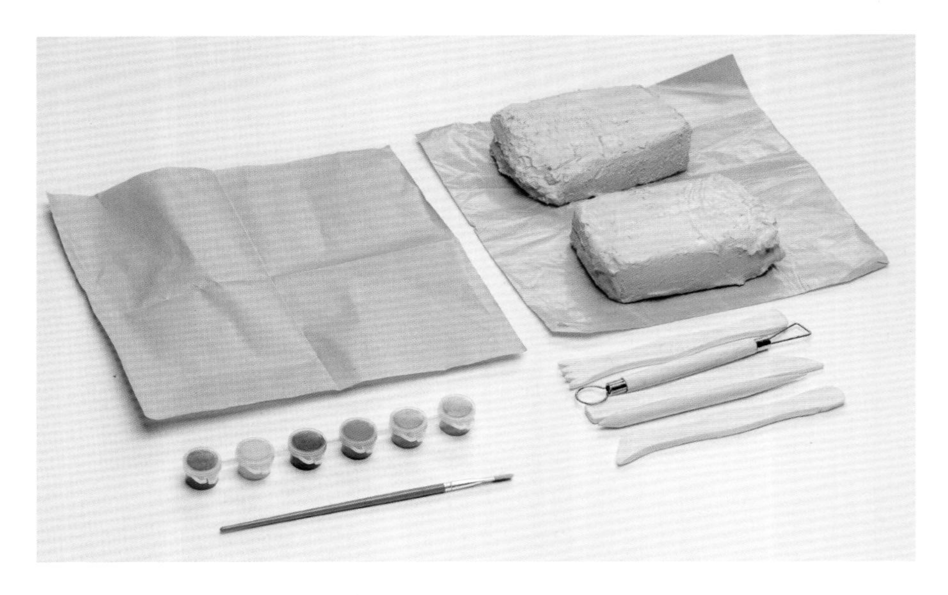

注意事项：

课程选用速干陶泥，如自行选用湿泥土，请完全晾干后在外面涂一层釉料。

制作流程：

第一步：拉胚

取出陶艺泥，捏成花瓶外轮廓。

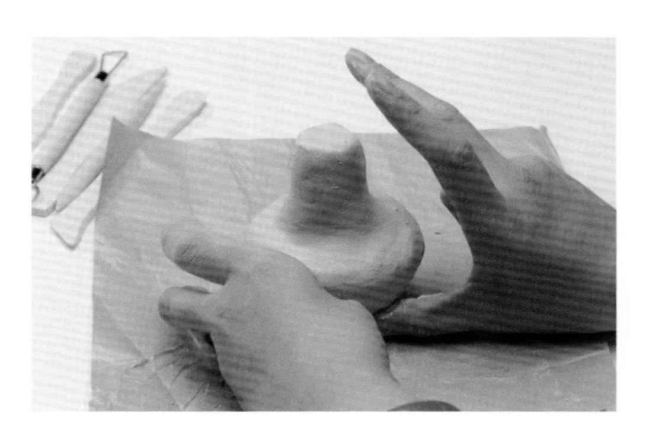

第二步：掏孔

使用泥塑工具，对花瓶进行内部掏空。

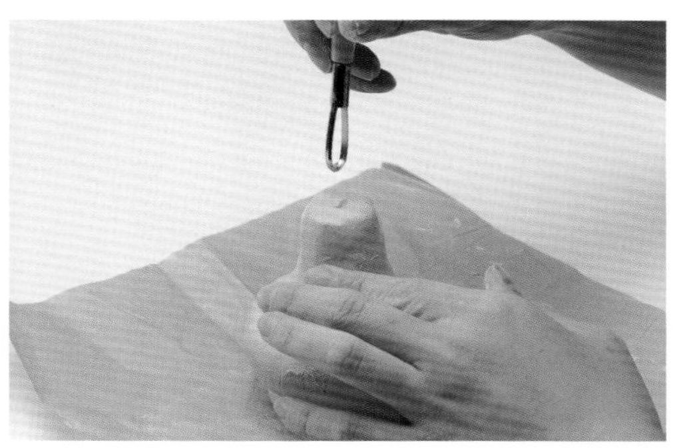

第三步：利胚

修正白胚，将形状修整确定好。

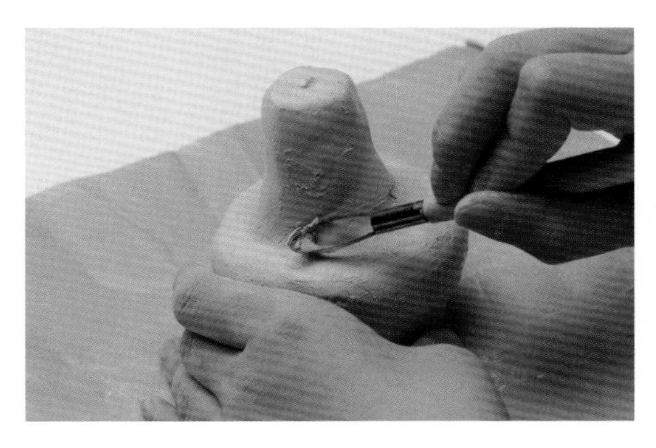

第四步：晒胚

将成型的素胚花瓶置于阳光通风处，进行晾晒。

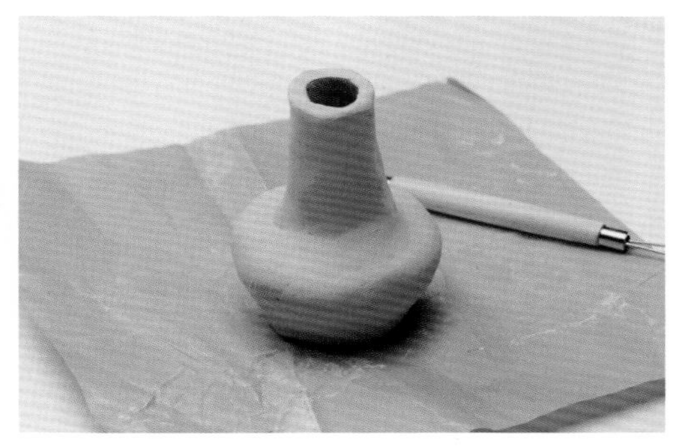

第五步：画胚

在干透白胚上随意发挥画上喜欢的图案。

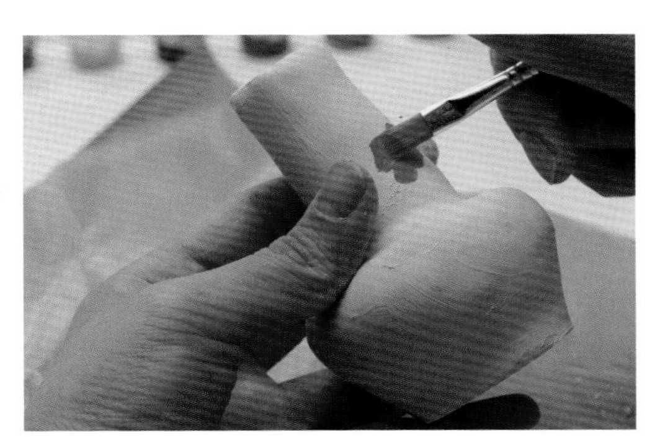

第六步：施釉

待颜料干透后，在里外涂一层防水薄釉。

落英缤纷

陶瓷花器制作课程成果

霜降

柿柿如意

毛毡储物罐制作课程

霜降已至，秋色渐深

岁岁年年，柿柿平安

（藏族牛羊毛编织技艺）

霜降是秋季的最后一个节气，天气渐冷，开始有霜。霜降一般在每年阳历 10 月 23 日。霜降是秋季向冬季过渡的节气。晚秋地面上散热很多，温度骤然下降到零度以下，空气中的水蒸气在地面或植物上凝结形成细小的冰针，有的成为六角形的霜花，色白且结构疏松。霜降表示天气逐渐变冷，露水凝结成霜。

中国古人将霜降分为三候：一候豺乃祭兽，二候草木黄落，三候蜇虫咸俯。此时豺这类动物将捕获的猎物先摆放再食用，树叶都枯黄掉落，蛰虫也藏在洞中不动不食，进入冬眠状态。

霜降节气有天气渐冷、初霜出现的意思，是秋季的最后一个节气。这时，养生保健尤为重要。俗话说："一年补透透，不如补霜降""霜降到，吃柿子"。在中国的一些地方，霜降要吃红柿子，这样不但可以御寒保暖，同时还能补筋骨。

霜降到，吃柿子。

红红的柿子挂满树梢，丰厚圆硕形如如意，

祝愿大家柿柿平安、柿柿如意、万柿大吉！

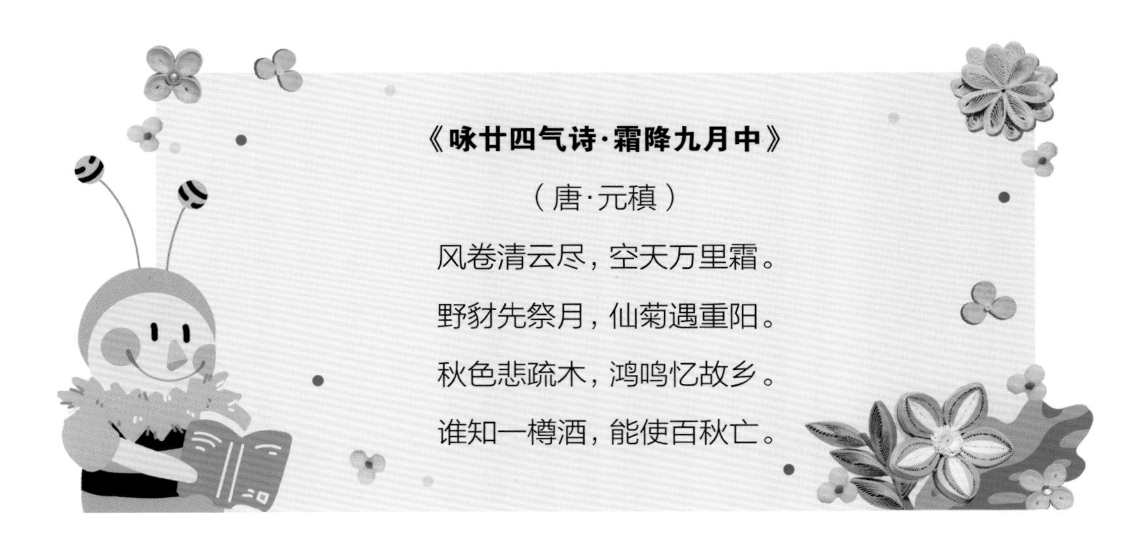

毛纺织及擀制技艺（藏族牛羊毛编织技艺）

第二批国家级非物质文化遗产名录（2008 年）

毛纺织及擀制技艺（藏族牛羊毛编织技艺）是四川省色达县传统技艺。它是草原特定生态环境的产物，从远古至现代，这种技艺及其制品一直伴随着草原牧民，成为其历史文化中的重要组成部分。千百年来，四川省色达县藏族牧民从日常生活用品到衣着和居住的帐篷，都离不开牛羊毛编织技艺。该编织技艺编制精密、品种繁多、形式独特、色彩艳丽、乡土情趣质朴、民族风格浓厚、地域特色鲜明、审美观赏价值高，其用料以色达县本地所产牛羊毛为主。

毛纺织擀制技艺先将羊毛、骆驼毛等用热水浸湿，然后加以挤压，用棍棒碾轧和揉搓等方式使毛绒粘合在一起，形成名为“毡”的无纺织型毛织品。藏族牛羊毛编织技艺的制作流程分为：原毛收集、原毛洗涤脱脂、打毛、搓捻成线、点线织布、剪裁、缝制成型等工序。早在新石器时代，我国就已有用棍棒碾轧制毡的工艺。目前毡的主要产地集中在四川、甘肃、青海、内蒙、宁夏等西部少数民族地区，是西部游牧人民日常生活的必需品。

藏族牛羊毛编织流程

1. 铺上毛料　2. 针戳毛料

3. 不断戳实使之与底层毛毡粘合

4. 成型的牦牛毡包包

让我们品尝鲜甜的柿子，

将秋末红丹戳于毛毡之中。

体验“柿柿如意”温暖毛毡储物罐的制作过程吧！

柿柿如意

毛毡储物罐制作课程

霜降吃柿子，红红柿子挂在枝头上。我们利用羊毛的纤维特性，将羊毛等材料用水浸湿，加以挤压、碾轧和揉搓等，让毛纤维粘合在一起，一个毛毡柿子小储物罐就做好啦！这不仅让我们联想到霜降，寓意“事事如意”，还使毛纺织擀制工艺作品在我们的实践中变得栩栩如生，柿子在双手中“活”了起来，这个秋天变得更加温暖舒适。

注意事项：

整个制作过程都会用到水，请选择平整且不怕被打湿的桌面制作。

课程材料：

三种颜色羊毛（橘色、墨绿色、咖啡色）、气泡纸、网布、气球两只、型板纸；自备剪刀、水盆、肥皂、绳子、棍子。

制作流程：

第一步：剪型版

将型版纸剪成直径 17 厘米的圆形，令气泡纸光面朝上，把剪好的型版放置在气泡纸的中间位置。

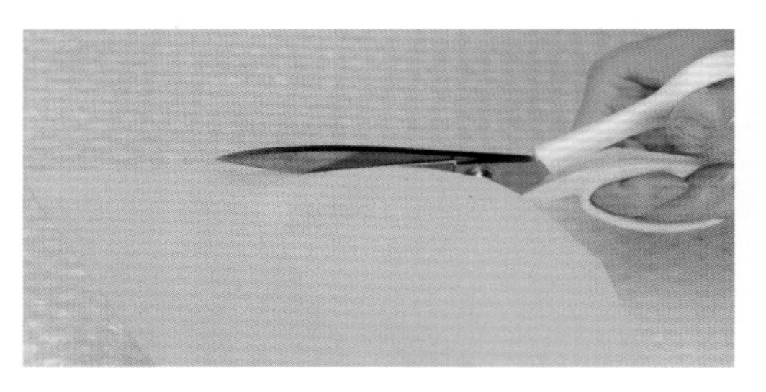

第二步：扯毛铺毛

把毛条轻轻捋直，扯下一缕 3 厘米的毛条。先横向均匀平铺毛条，从上到下把型版全部盖住。再纵向平铺一层。

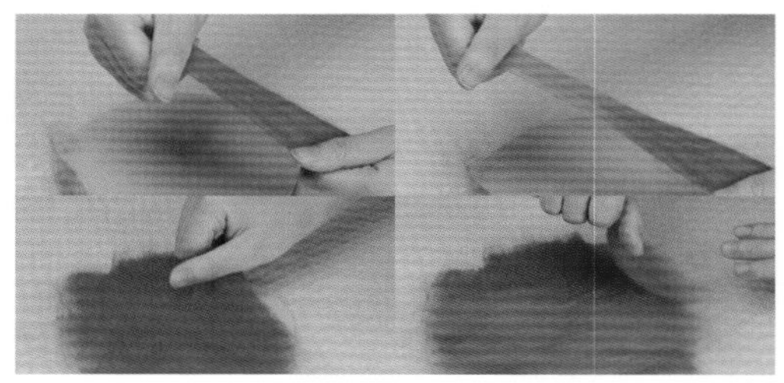

第三步：洒皂水 + 揉搓

* 肥皂水制作小贴士：将肥皂在温水中揉搓，直至水变得略微粘稠，呈乳白色。

羊毛压平后洒水，将肥皂水滴落在羊毛上。遵循少量多次的洒水原则，以免把羊毛冲跑。用手隔着网布揉搓羊毛 3 到 5 分钟，直至羊毛平整服帖。

去除网布，同时捏着羊毛和型版的一头迅速翻面。将超出型版的羊毛折到型版里面，使羊毛贴合地包裹型版。

第四步：再次铺毛

重复第二步和第三步，再次铺毛、洒水、揉搓、翻面、折边，使羊毛全部包裹住型版。

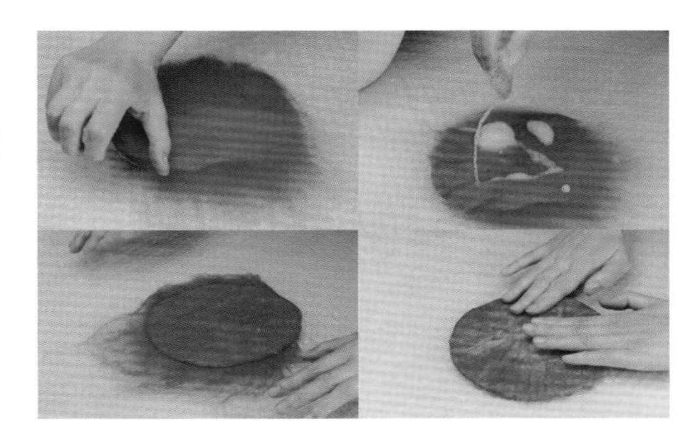

第五步：加厚铺毛

再次重复第四步，只需在型版两面再各铺一层羊毛。用手轻轻按压，检查羊毛是否铺得均匀，将多余的橘色羊毛铺在比较薄的位置。

第六步：叶子制作

在气泡纸光滑的一面铺羊毛，用绿色和咖啡色的毛混色成一个圆形，全部浸湿。整理边缘至光滑，并放置在橘色圆形毡上。盖上网布正反面揉搓，使之和橘色圆形毡毡化在一起。

注意揉搓过程中要使两块毛毡中间毡化连接，四周分离，这样叶子才会翘起（可以借助擀面杖来擀）。

第七步：立体造型的制作

在叶子中间部分剪一个直径 3 厘米左右的洞，将型版从中取出。将一个气球塞入洞中吹气，使之贴紧四周后收口打结。用纱布揉搓球体表面至褶皱消失。

扎破第一个气球，再塞入一个气球，将其吹得稍小些，用刚才的方法揉搓，使羊毛球体继续变小，直到紧紧包裹住气球。再次扎破气球后取出，将整个羊毛柿子浸入皂水中，用手继续揉搓，使之收缩变小。

最后把肥皂水冲洗干净，整理形状晾干“柿柿如意”毛毡储物罐就完成啦。

柿柿如意
毛毡储物罐制作课程成果

后记

二十四节气非遗美育课程，是上海市公共艺术协同创新中心（PACC）自2015年来为中小学生研发的传统工艺轻体验课程。课程最初来源于PACC联合主办的“上海国际手造博览会”美育工坊课程，研发主体是上海大学上海美术学院创新设计专业的研究生，研发过程获得了大量非遗传承人群、城市手工设计师和文化机构的帮助。六年来，此课程在非遗进学校、进社区、进美术馆等社会服务中不断完善，逐步成熟，荣获国家教育部和四川省人民政府主办的2021年全国第六届大学生艺术展演活动“高校美育改革创新优秀案例一等奖”。

中国的非遗传承事业，不仅需要非遗传承人和文化机构的努力，更需要公众建立起对非遗的认知，特别是要让孩子们喜欢非遗。本教材甄选二十四项中国传统工艺，在二十四个节气更替之际，让孩子们根据教材居家制作体验，既有动手的无限乐趣，又有中国传统文化的仪式感，让孩子们感悟传统工艺的智慧和美学，理解中国传统文化。

本教材获得上海市文教结合项目的支持。衷心感谢在编写过程中给予帮助的专家学者、非遗传承人、城市手工设计师、文化机构，感谢为课程研发努力付出的上海大学上海美术学院研究生们，感谢上海教育出版社的大力支持。希望能在非遗传承中撒播文化自信的种子。

章莉莉

2023年4月